なぜなにはかせの 理科クイズ
6 人体と生命のなぞ

もくじ

なぜなにはかせの自己紹介 ………………… 4

問題 **1** うでを曲げるときの、筋肉の動きは？ ………… 5

2 手の骨を表しているのは、どれ？ ……………… 7

3 吸った息は、どこへ行く？ ………………… 9

4 1日に呼吸する空気の量は、どれくらい？ ……… 11

5 栄養を取り入れるはたらきをする臓器は、どれ？…… 13

6 動脈は、どっちかな？ ……………………… 15

7 心臓の中は、どうなっている？ ……………… 17

8 血液の量は、どのくらい？ ………………… 19

9 皮ふが変化してできた部分は、どれ？ ……… 21

10 味を感じるのは、どの部分？ ……………… 23

11 肺の中は、どうなっている？ ……………… 25

12 かん臓のはたらきは、どれ？ ……………… 27

13 人の骨は、いくつある？ …………………… 29

14 血液中で、酸素を運んでいるのは、どれ？ ……… 31

15 骨の中は、どうなっている？ ……………… 33

16 痛みが脳に伝わる速さは、どれくらい？ ……… 35

17 ひじやひざが曲がるしくみは、どれ？ ……… 37

いろいろな形の関節 ………………… 39

18 食べ物が体の中を通る順は？ …………… 40

19 だ液とでんぷんを、まぜるとどうなる？ …… 44

どこに、ふれたかな？ ………………… 48

20 血は、どこで作られている？ ……………… 49

21 消化管の長さは、どれくらい？ ……………… 51

22 声を出しているときの声門は、どっち？ ………… 53

23 おしっこをつくる臓器は、どれ？ …………… 55

24 体の中の水分は、どれくらい？ …………… 57

25 においを感じるのは、どの部分？ …………… 59

26 予防接種をするのは、なぜ？ …………… 61

27 体の中の「かたつむり」の、はたらきは？ ……… 63

28 血液の流れる順は、どれ？ …………… 65

29 寒いとき、皮ふはどうなる？ …………… 67

30 目のつくりは、どれ？ …………… 69

31 かみの毛は、1日にどれくらいのびる？ ……… 71

32 日焼けで、はだの色が黒くなるのは、なぜ？ … 73

33 食べた物が、便になるまでにかかる時間は？ ……… 75

34 乳歯がぬけるとき、永久歯はどうなっている？ ……… 77

35 脳のしわを広げたら、どのくらいの広さ？ ……… 79

36 血液が全身をめぐるのに、かかる時間はどのくらい？ …… 81

37 体のかたむきを感じるのは、どこ？ ……… 83

　　おならが出るのは、なぜ？ …………… 85

38 どこの骨かな？ …………… 86

39 おなかの赤ちゃんが育つ順は？ …………… 90

　　さくいん …………… 94

3

問題 1 うでを曲げるときの、筋肉の動きは？

うでを曲げるとき、うでの中では骨のまわりについている筋肉が動くよ。どんなふうに動くのかな？
㋐～㋓の中から、1つ選ぼう。

ア 内側と外側の筋肉が両方とも縮むよ。

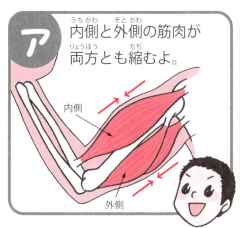

イ 内側と外側の筋肉が両方ともゆるむよ。

ウ 内側の筋肉がゆるみ、外側の筋肉が縮むよ。

エ 内側の筋肉が縮み、外側の筋肉がゆるむよ。

答え 1

正解は エ

うでを曲げるとき、内側の筋肉が縮んでふくらみ、外側の筋肉はゆるむよ。縮んだ筋肉が骨をひっぱり、うでが曲がるんだね。逆に、うでをのばすときは、内側の筋肉がゆるんで、外側の筋肉は縮むんだ。足を曲げるときも、筋肉が縮んだり、ゆるんだりしているよ。

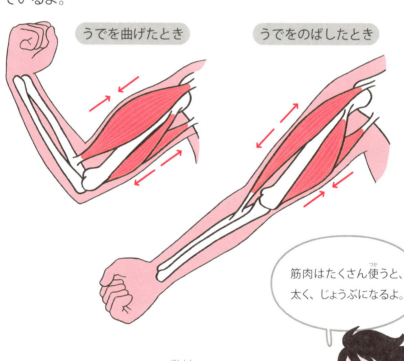

うでを曲げたとき　　うでをのばしたとき

筋肉は、うでや足だけでなく、全身についていて、骨を動かしている。骨のほかにも、顔の表情をつくったり、内臓を動かすなど、体のいろいろな部分を動かしているよ。

筋肉はたくさん使うと、太く、じょうぶになるよ。

問題 2 手の骨を表しているのは、どれ？

わたしたちの体の中は、外からは見えないけれど、いくつもの骨が組み合わさっているんだ。
手の骨は、次の㋐〜㋓のうち、どれかな？ 1つ選ぼう。

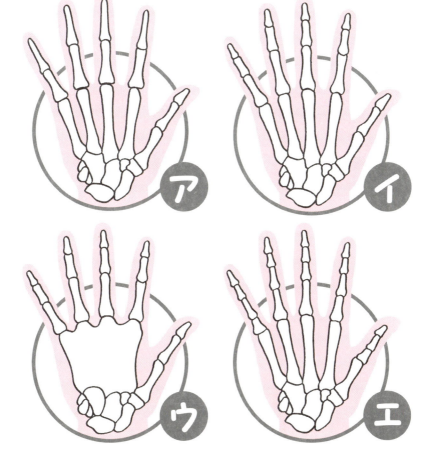

答え 2

正解は イ

手の骨の数は、おとなで27個。外側からは1つに見える手の平も、いくつかの骨に分かれているんだ。

指のしわがある部分は、骨と骨が組み合わさって曲げられるようにできている。このように、体の曲げられる部分を「関節」というよ。

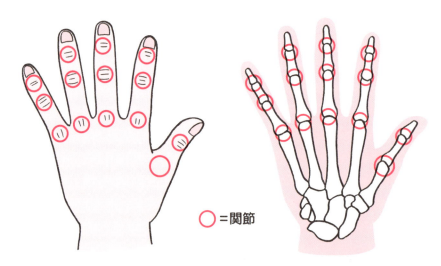

○＝関節

背骨には、たくさんの関節があるよ。この関節が、ちょっとずつ曲がることによって、背中全体を曲げることができるんだね。

問題 3 吸った息は、どこへ行く？

わたしたちは毎日、ひとときも休むことなく、空気を吸いこみ、息をはき出すことをくり返しているね。
鼻や口から体の中に吸いこまれた空気は、次の㋐〜㋓のうち、どこへ行くのかな？

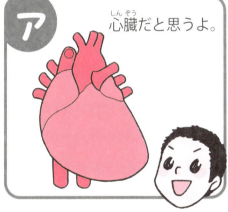

㋐ 心臓だと思うよ。

㋑ 肝臓かもしれないよ。

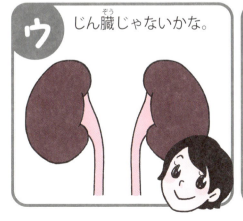

㋒ じん臓じゃないかな。

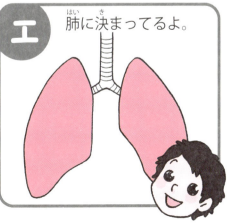

㋓ 肺に決まってるよ。

答え 3　正解は エ

鼻や口から吸いこまれた空気は、「気管」という管を通って、肺に入るよ。肺の中では、空気中の酸素が血液に取りこまれ、血液中の二酸化炭素は外に出されるんだ。このように、酸素を体に取り入れて、二酸化炭素を外に出すことを、「呼吸」とよぶよ。

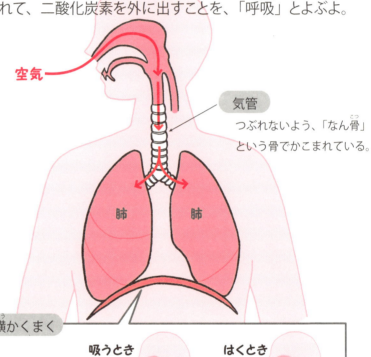

空気

気管
つぶれないよう、「なん骨」という骨でかこまれている。

肺　肺

横かくまく

横かくまくが、縮んだり、ゆるんだりすることで、肺を動かしているよ。

吸うとき
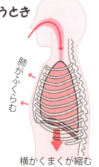
肺がふくらむ
横かくまくが縮む

はくとき
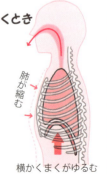
肺が縮む
横かくまくがゆるむ

問題 4 １日に呼吸する空気の量は、どれくらい？

わたしたちは、たえず呼吸をしているね。おとなの場合、１回の呼吸でおよそ500mLの空気を吸って、同じくらいの量をはき出しているよ。
では、１日だと呼吸する空気の量は、およそどれくらいかな？

500mLは、小さなペットボトル1本分と、同じ量だよ。ペットボトル何本分かで、考えてみよう！

ア ペットボトルおよそ500本分。

イ ペットボトルおよそ7000本分。

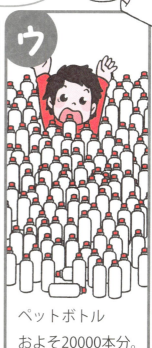

ウ ペットボトルおよそ20000本分。

答え 4

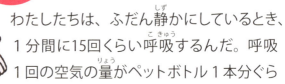

正解は ウ

わたしたちは、ふだん静かにしているとき、1分間に15回くらい呼吸するんだ。呼吸1回の空気の量がペットボトル1本分ぐらいだから、1分間におよそ15本分。1時間ではおよそ900本分、1日だとおよそ20000本分の空気を吸って、同じくらいの量をはき出していることになるんだね。ただし、運動をすると呼吸の回数は増えるし、寝ているときは呼吸の回数が減るから、必ずいつも同じ量というわけではないよ。

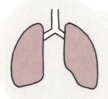

静かにしているとき、肺の中の空気は、およそ2000〜2500mL。

ペットボトル4〜5本分。

いっぱいに息を吸うと、肺の中の空気は、およそ5000mLまで増える。

ペットボトルおよそ10本分。

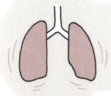

しっかりと息をはき出すと、肺の中の空気は、およそ1500mLまで減る。

ペットボトルおよそ3本分。

問題 5 栄養を取り入れるはたらきをする臓器は、どれ？

わたしたちの体の中には、「臓器」という、さまざまなはたらきをする部分があるよ。
次の㋐〜㋓のうち、食べた物から栄養を体の中に取り入れるはたらきをする臓器は、どれかな？

㋐ ぼうこう、かな？

㋑ 小腸、だと思うよ。

㋒ 胃に決まってるよ。

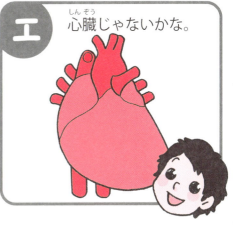

㋓ 心臓じゃないかな。

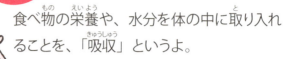

食べ物の栄養や、水分を体の中に取り入れることを、「吸収」というよ。

そして、吸収しやすいように、食べ物を細かくすることを「消化」というんだ。小腸は、消化や吸収をする臓器の1つだよ。

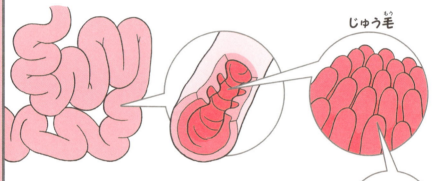

小腸のかべには、細かいひだがたくさんあるよ。そのひだには、「じゅう毛」とよばれる小さなでっぱりがあり、そのじゅう毛の表面には、さらに小さな「びじゅう毛」がブラシの毛のようにならんでいるんだ。

じゅう毛の表面の面積を合わせると、おとなではテニスコートほどの広さになるといわれているんだ。栄養を吸収しやすいように、面積が広くなっているんだね。

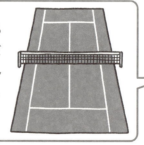

問題 6 動脈は、どっちかな？

わたしたちの体を流れる赤い血のことを、「血液」というね。血液の通り道である「血管」には、2種類あるよ。
心臓から送り出された血液が通る「動脈」と、心臓へもどる血液が通る「静脈」だ。
次の㋐と㋑は、血管のつくりを表しているよ。
動脈は、どっちかな？

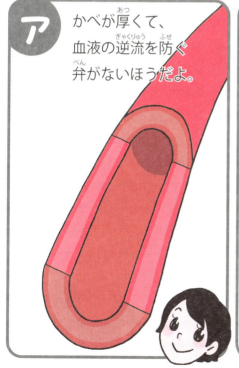

㋐ かべが厚くて、血液の逆流を防ぐ弁がないほうだよ。

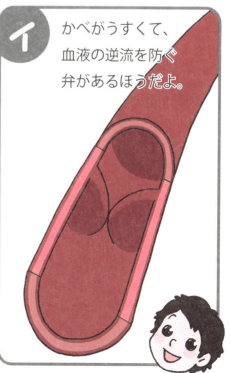

㋑ かべがうすくて、血液の逆流を防ぐ弁があるほうだよ。

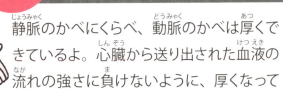

答え 6　正解は ア

静脈のかべにくらべ、動脈のかべは厚くできているよ。心臓から送り出された血液の流れの強さに負けないように、厚くなっているんだ。心臓にもどる血液は、流れが弱いので、静脈のかべはうすく、血液が逆流しないように弁がついているんだ。

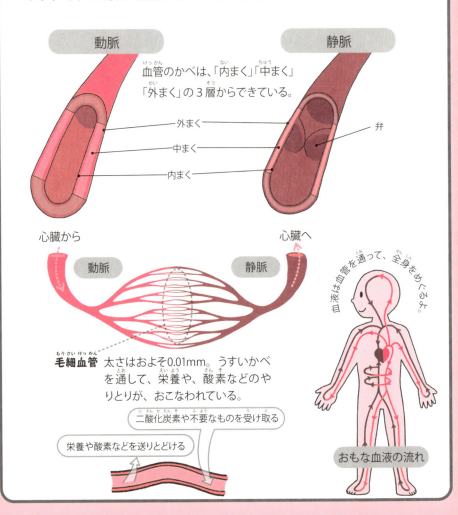

血管のかべは、「内まく」「中まく」「外まく」の3層からできている。

毛細血管 太さはおよそ0.01mm。うすいかべを通して、栄養や、酸素などのやりとりが、おこなわれている。

二酸化炭素や不要なものを受け取る

栄養や酸素などを送りとどける

血液は血管を通って、全身をめぐるよ。

おもな血液の流れ

問題7 心臓の中は、どうなっている？

全身に血液を送り出すポンプのはたらきをしているのは、心臓だよ。心臓の中は、4つの部屋に分かれているんだ。次の㋐～㋒のうち、心臓の4つの部屋を表している図は、どれかな？

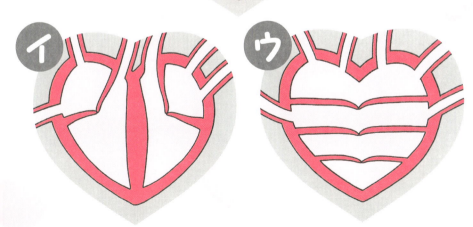

答え 7　正解は イ

心臓の中は、「右心ぼう」「右心室」「左心ぼう」「左心室」の4つの部屋に分かれているよ。動脈と静脈の血が、混ざらないようになっているんだね。右心ぼうと右心室、左心ぼうと左心室の間には、それぞれ弁があって、つながっているんだ。

心臓のかべは筋肉でできていて、血液を肺や全身へ送り出すために、ポンプのように動いているんだ。この動きを「はく動」というよ。

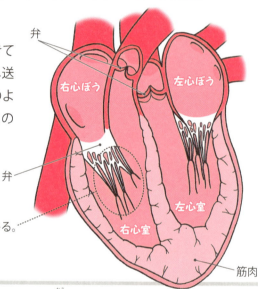

弁が裏返るのを防いでいる。

心臓のはく動

1〜3のくり返し

1　全身からは右心ぼうへ、肺からは左心ぼうへ、血液が入ってくる。

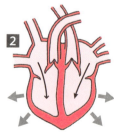

2　血液は、心ぼうから心室へうつる。

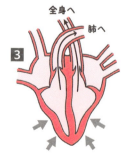

3　右心室の血液は肺へ、左心室の血液は全身へ送り出される。

問題 8 血液の量は、どのくらい？

血液の量は、体の大きさによってちがってくるよ。では、体重60kgのおとなの場合、何Lくらいの血液が体内に流れているのかな？次の㋐〜㋒のうち、一番近いものを選ぼう。

㋐ 約5L

㋑ 約10L

㋒ 約24L

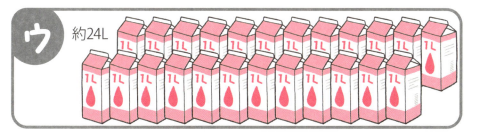

答え 8　正解は ア

体の中を流れる血液の量を計算すると、体重１kgあたり、約80mLの血液があるといわれている。体重60kgのおとなの場合、約５Lの血液がつねに全身に流れているんだ。体の中では、日々新しい血液がつくられているよ。およそ４か月で、すべての血液が入れかわるといわれているんだ。

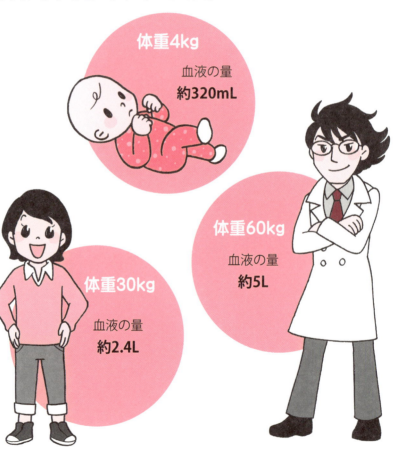

体重4kg　血液の量 約320mL

体重30kg　血液の量 約2.4L

体重60kg　血液の量 約5L

問題 9 皮ふが変化してできた部分は、どれ？

かみの毛や、まつ毛やまゆ毛、うでや足など、全身に生えている毛は、もとは皮ふの一部が変化して、できたものなんだ。では、次の㋐〜㋔のうち、毛と同じように皮ふが変化して、できている部分は、どれかな？

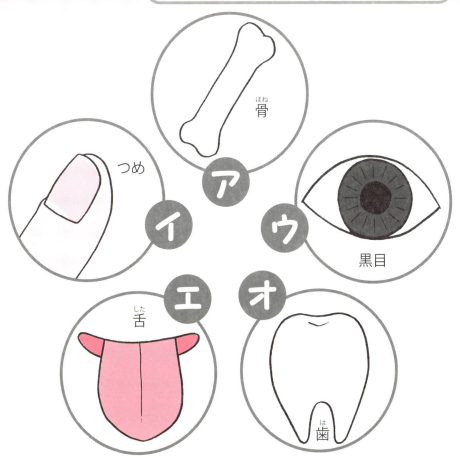

㋐ 骨
㋑ つめ
㋒ 黒目
㋓ 舌
㋔ 歯

21

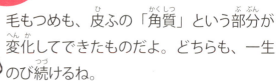

答え 9　正解は イ

毛もつめも、皮ふの「角質」という部分が変化してできたものだよ。どちらも、一生のび続けるね。

角質とは、皮ふの一番表面の部分のことだ。外のしげきから、体を守るはたらきをするよ。

つめのしくみ

そう体
つめの本体。毛細血管がすけて、ピンク色に見える。

そう半月
できたばかりのつめ。白く見える。

そう板
- そう体
- そう根

そう根
皮ふにうまっている部分。そう根で新しいつめがつくられ、1日に約0.1〜0.15mm成長する。

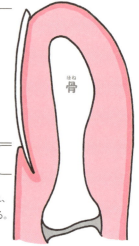

シールをはがしたり、かゆいところをかいたりするのに便利なつめには、指先を保護する役割もあるよ。また、指先は、つめがあることによって感覚がするどくなっているんだ。

毛については、71ページでくわしくふれるよ。

問題 10 味を感じるのは、どの部分？

わたしたちは、食べ物を口に入れたとき、さまざまな味を感じるね。では、味はどの部分で感じているのかな？
次の㋐〜㋒の中から、1つ選ぼう。

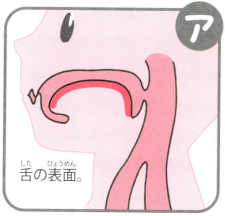

㋐ 舌の表面。

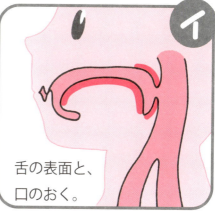

㋑ 舌の表面と、口のおく。

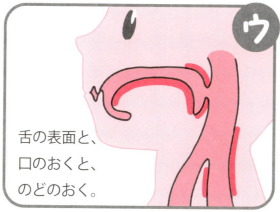

㋒ 舌の表面と、口のおくと、のどのおく。

答え 10　正解は ウ

食べ物の味を感じているのは「味らい」という器官だ。この味らいは舌の表面だけでなく、口のおくや、のどのおくにもあるんだよ。

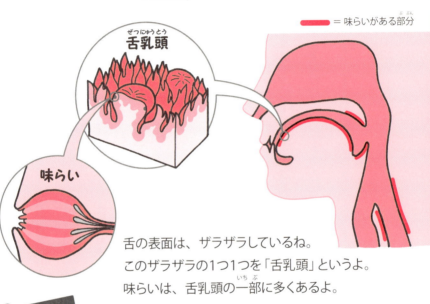

━━ ＝ 味らいがある部分

舌の表面は、ザラザラしているね。このザラザラの1つ1つを「舌乳頭」というよ。味らいは、舌乳頭の一部に多くあるよ。

メモ

味らいで感じる味の種類は、5つに分けられるよ。

あまさ	しょっぱさ	すっぱさ	にがさ	うまみ

「からさ」や「しぶさ」は、味らいだけで感じるのではなく、しげきやにおいなどの感覚もいっしょにはたらいて、感じることができるんだ。

問題 11 肺の中は、どうなっている？

吸いこんだ空気は、肺の中に入るんだね。では、肺の中はどんなつくりになっているんだろう。
㋐～㋓の中から、1つ選ぼう。

㋐

空気が入ったふくろみたいに、なっているんじゃないかな。

㋑

小さな部屋に、分かれているはずだよ。

㋒

気管から続く管が、いっぱい枝分かれしているよ。

㋓

筋肉がいっぱいつまっているんだと、思うよ。

答え 11　正解は ウ

吸いこんだ息は、気管という管を通って肺に入ることは10ページで学んだね。この気管は、肺の中でどんどん枝分かれしていき、先端の方は直径0.5mmほどの細さになるんだ。この枝分かれした管のことを「気管支」というよ。気管支の先には「肺ほう」という小さなふくろがたくさんあり、細い毛細血管でおおわれているんだ。

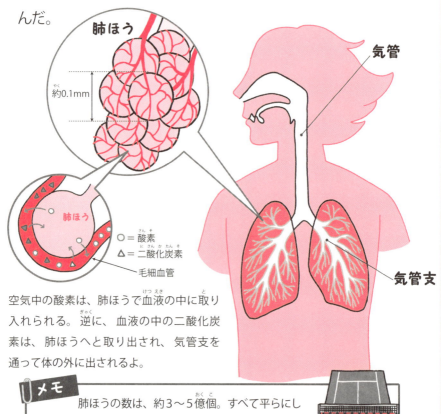

空気中の酸素は、肺ほうで血液の中に取り入れられる。逆に、血液の中の二酸化炭素は、肺ほうへと取り出され、気管支を通って体の外に出されるよ。

メモ　肺ほうの数は、約3〜5億個。すべて平らにして広げると、テニスコートの半分くらいの広さになると、いわれているよ。

問題 12 かん臓のはたらきは、どれ？

かん臓は、人体でもっとも大きな臓器だよ。全身をめぐっている血液の4分の1が流れこむかん臓は、いろいろなはたらきをしているんだ。次の㋐〜㋕の中から、かん臓のはたらきを3つ選ぼう。

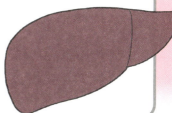

毒になるものをこわす。

㋐

酸素を血液に取りこむ。
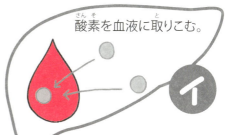
㋑

血液を全身に送る。

㋒

消化液である「たん汁」をつくる。
㋓

養分を一時的にたくわえる。

㋔

血液をつくる。

㋕

答え12　正解は ア エ オ

かん臓には500以上の役割があって、「体の化学工場」とよばれているんだ。血液によって運ばれてくる栄養や物質の処理を、一手に引き受けているよ。

かん臓のはたらきのうち、代表的なものは、「毒になるものをこわして害をなくす」「消化液であるたん汁をつくる」「養分を一時的にたくわえ、必要なときにエネルギーに変える」の3つ。このほかに、出血を止める物質をつくるなどのはたらきをしているんだ。

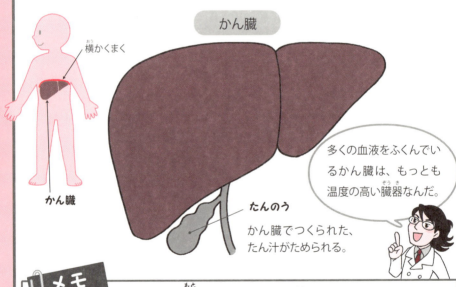

かん臓

横かくまく

かん臓

たんのう
かん臓でつくられた、たん汁がためられる。

多くの血液をふくんでいるかん臓は、もっとも温度の高い臓器なんだ。

メモ　切っても元にもどる、かん臓。

かん臓は、その一部を切り取られても、元の大きさにもどることができるよ。全体の4分の3を切り取っても、元の大きさにもどるといわれているんだ。

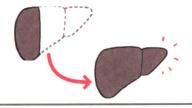

問題 13 人の骨は、いくつある？

背が高い人も、背が低い人も、骨の数はだいたい同じだよ。では、おとなの骨の数は、いくつあるのかな？
次の㋐〜㋓の中から、もっとも近いものを、1つ選ぼう。

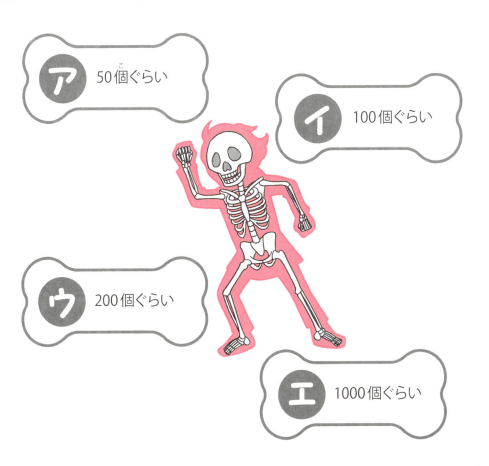

㋐ 50個ぐらい

㋑ 100個ぐらい

㋒ 200個ぐらい

㋓ 1000個ぐらい

答え 13　正解は ウ

おとなの骨の数は、およそ200個だよ。でも、生まれたての赤ちゃんの骨の数は、350個ほどもあるんだ。成長していくうちに、骨は大きくなり、骨と骨がくっついて1つの骨になるものもあるので、子どもの骨より、おとなの骨のほうが数は少ないよ。

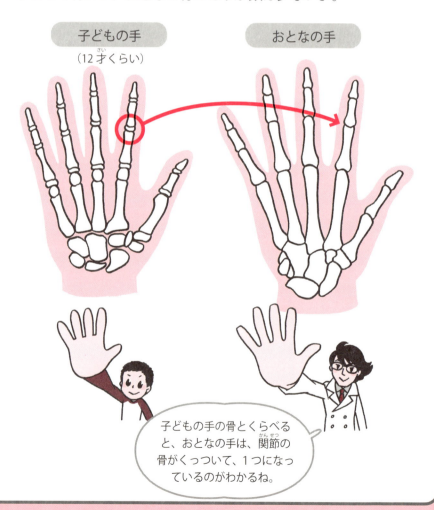

子どもの手の骨とくらべると、おとなの手は、関節の骨がくっついて、1つになっているのがわかるね。

問題 14 血液中で、酸素を運んでいるのは、どれ？

血液をけんび鏡で見てみると、「赤血球」「白血球」「血小板」、そして、それらがうかんでいる液体の「血しょう」などの成分から、できていることがわかるよ。
㋐～㋓の血液中の成分のうち、酸素を運んでいるのは、どれかな？ 1つ選ぼう。

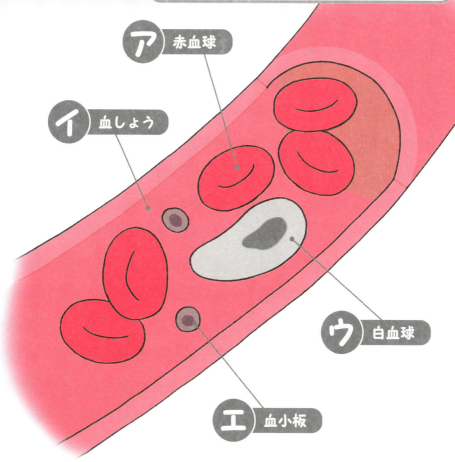

㋐ 赤血球
㋑ 血しょう
㋒ 白血球
㋓ 血小板

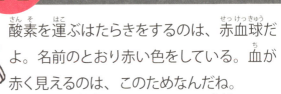

答え 14　正解は ア

酸素を運ぶはたらきをするのは、赤血球だよ。名前のとおり赤い色をしている。血が赤く見えるのは、このためなんだね。

肺から取りこまれた酸素は、血液中の赤血球によって全身のすみずみまで運ばれるんだね。

赤血球
中央がくぼんだ円ばんの形をしている。全身へ酸素を運ぶはたらきをする。

血しょう
血液中の半分以上をしめる液体。養分や二酸化炭素、体内にできた不要なものを運ぶはたらきをする。

白血球
病気から体を守るのが、おもなはたらき。白血球には、多くの種類があり、さまざまなはたらきをする。

血小板
小さくて不規則な形をしている。出血したとき、血を固めて止めるはたらきをする。

問題 15 骨の中は、どうなっている？

わたしたちの体は、かたい骨で支えられているね。では、骨の中は、どんなふうになっているのかな？
㋐〜㋓の中から、1つ選ぼう。

㋐ 中心まで、すき間なくかたいんだよ。

㋑ 中は全部、空どうなんじゃないかな。

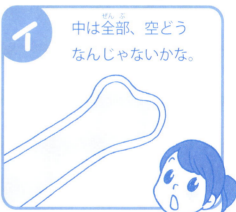

㋒ スポンジみたいに、すき間がいっぱいあるよ。

㋓ スポンジみたいな部分の中心に、空どうがあるよ。

答え 15 　正解は エ

骨は、かたくてじょうぶだけれど、その重さは全体で6〜9kgと、とても軽いんだ。骨の外側は、かたくつまった「ち密質」、内側はスポンジのようにすき間がいっぱいある「海綿質」、さらに骨の中心部分は空どうになっている。

海綿質は、よく見ると細い柱が何本も組み合わさってできている。外からの力に強いじょうぶさと、軽さ、両方の特ちょうを持ったつくりになっているんだ。関節部分以外の骨の表面は、「骨まく」でおおわれていて、骨を守っているよ。

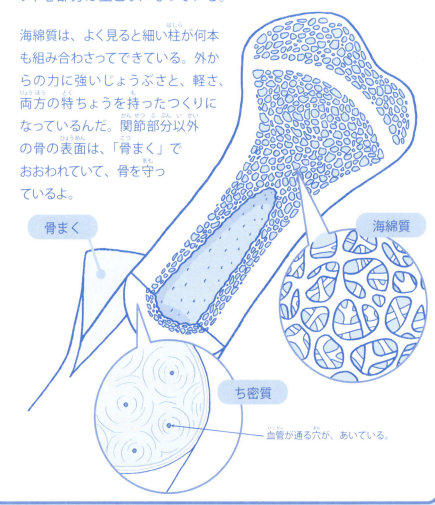

骨まく

海綿質

ち密質

血管が通る穴が、あいている。

問題 16 痛みが脳に伝わる速さは、どれくらい？

うっかり指先をけがしてしまったとき、「痛い」と感じるね。これは、けがをしたという情報が、「神経」を伝わって脳にとどき、脳で「痛い」という感覚が生まれるからだよ。では、神経の情報が脳に伝わる速さは、どれくらいかな？ 次のア〜ウのうち、もっとも近いものを1つ選ぼう。

ア 最高で時速100kmぐらい

イ 最高で時速310kmぐらい

ウ 最高で時速430kmぐらい

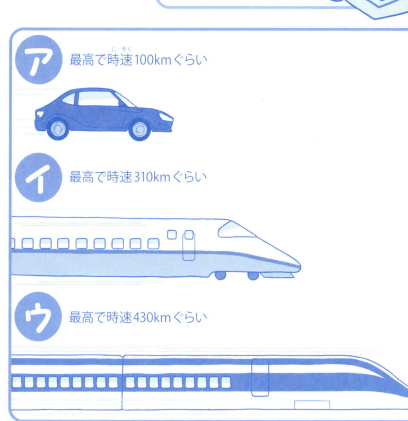

答え 16　正解は ウ

神経は全身にはりめぐらされていて、体中から受け取った情報を、電気信号として脳に送ったり、脳からの命令を臓器や筋肉に送ったりしているんだ。

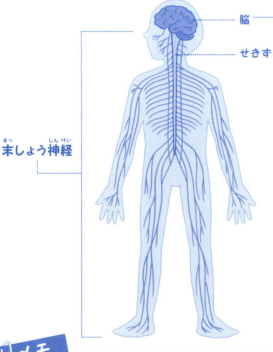

- 脳
- せきずい
- 中すう神経
- 末しょう神経

神経は「中すう神経」と「末しょう神経」の2つに分けられるよ。
脳と、背骨の中を通る「せきずい」をあわせて中すう神経という。中すう神経から枝分かれして全身に広がっているのが、末しょう神経なんだ。

📎 メモ

熱いなべのふたにさわってしまったとき、頭で考えるより先に、手をひっこめていることがあるね。手から入った「熱い」という情報は、神経を通ってせきずいに伝わり、脳に情報が行く前に、せきずいから「手をひっこめろ」と命令が出て、体が動くんだ。こういう動きを「せきずい反射」というよ。すばやく動いて、体を守るしくみなんだね。

問題 17 ひじやひざが曲がるしくみは、どれ？

ひじやひざなど、体の曲がる部分は、骨と骨がある方法で組み合わさっているよ。では、どんなふうに組み合わさっているのかな？
次のア〜エの中から、1つ選ぼう。

ア かたい骨どうしが、直接組み合わさっているよ。

イ かたい骨と骨の間に、まくに包まれた液体があるよ。

ウ かたい骨の間に、やわらかい骨があるよ。

エ かたい骨の先にやわらかい骨があって、その間にまくに包まれた液体があるよ。

答え 17　正解は エ

骨と骨が組み合わさって曲がる部分のことを、「関節」というよ。ひじやひざがなめらかに曲がるのは、関節の骨と骨の間が、「かつ液」という液体で満たされているからなんだ。かたい骨の先は「関節なん骨」という、やわらかくつるつるした骨でおおわれているよ。骨と骨がぶつかってもこわれないように、クッションの役割をしているんだね。関節の外側は「関節包」というまくで、包まれているよ。

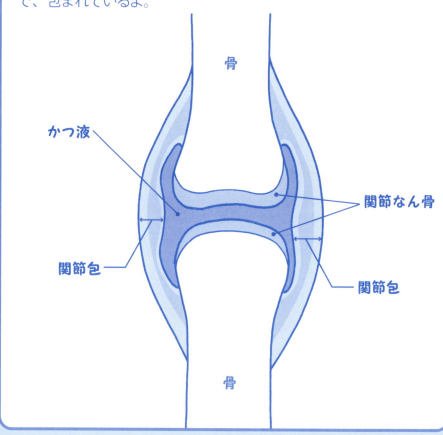

いろいろな形の関節

わたしたちの体は、たくさんの関節によって動くことができるよ。それぞれ体の場所によって、関節の形がちがうんだ。曲げたり、ひねったり、回したり…。いろいろな動きを可能にしてくれる、おもな関節のしくみを見てみよう。

球関節

肩や、太もものつけねなどにある。おわんにボールをはめたような形の関節。

前後、左右、上下にぐるっと回すことができる。

車じく関節

首などにある。車輪の中心に、じくが通っているような形の関節。

左右にまわすことができる。

くら関節

親指のつけねなどにある。馬にのせる「くら」のような形をした関節。

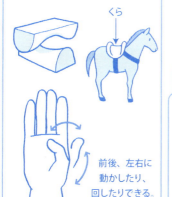

前後、左右に動かしたり、回したりできる。

ちょうつがい関節

ひじや、ひざなどにある。ドアについている、ちょうつがいのような形をした関節。

一方向に、曲げたりのばしたりできる。

だ円関節

手首などにある。だ円形のボールと、だ円形のおわんを組み合わせたような形の関節。

前後、左右に動かすことができる。

問題 18 食べ物が、体の中を通る順は？

わたしたちが食べた物は、どんな順番で体の中を通って、消化・吸収されるのかな？
次の㋐〜㋕の臓器を、食べ物が通る順に、ならべてみよう。

㋐ 十二指腸

㋑ 大腸

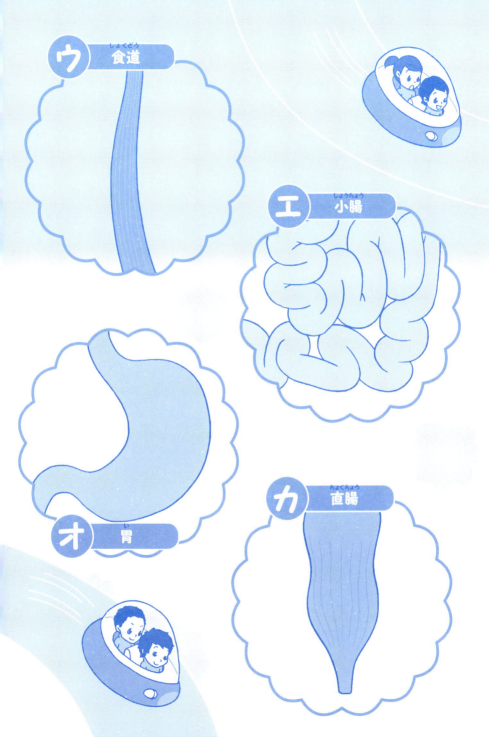

答え 18　正解は ウ オ ア エ イ カ

口から入ってのみこまれた食べ物は、食道・胃・十二指腸・小腸・大腸・直腸の順に送られながら、消化・吸収されるよ。吸収されずに残った物が、便（ふん）としてこう門から出るんだ。食べ物が口から入って、こう門から出るまでの通り道を、「消化管」というよ。のばすと１本の管のようになっているんだ。

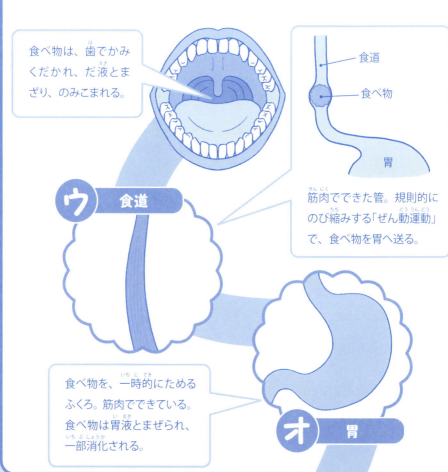

食べ物は、歯でかみくだかれ、だ液とまざり、のみこまれる。

ウ 食道

筋肉でできた管。規則的にのび縮みする「ぜん動運動」で、食べ物を胃へ送る。

食べ物を、一時的にためるふくろ。筋肉でできている。食べ物は胃液とまぜられ、一部消化される。

オ 胃

ア 十二指腸

十二指腸は、おとなの指を、12本ならべたのと同じくらいの長さがあることから、名づけられたよ。

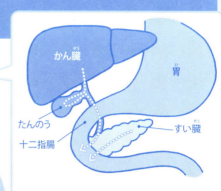

かん臓や、たんのう、すい臓などからの消化液が、ここで食べ物とまざる。本格的な消化が始まる。

エ 小腸

おもに栄養を吸収する。食べ物は、消化液にふくまれる「消化こう素」によって、さらに消化され、小腸のかべから、栄養として吸収される。

イ 大腸

消化されなかった食べ物から、水分を吸収する。約100兆個もの細菌が、分解などをおこなう。

カ 直腸

栄養を消化・吸収されたあとの食べ物の残りは便となり、こう門からはいせつされるまで、ここにためられる。

ゴール

問題 19 だ液とでんぷんを、まぜるとどうなる？

食べ物を口に入れると、つばが出るね。つばは、「だ液」ともよばれるよ。物を食べているとき、だ液はどんなはたらきをしているのかな？
ご飯やパンにふくまれる養分の「でんぷん」と、だ液をまぜる実験をして、確かめてみよう。

1 実験には、ヨウ素液を使うよ。

2 ヨウ素液は、茶色の液体だ。でんぷんにヨウ素液をつけると、青むらさき色に変化するんだ。

ご飯には、でんぷんがふくまれているから、ヨウ素液をかけると、青むらさき色に変化するんだね。

3 水に強い紙である「ろ紙」を小さく切って2枚用意しよう。片方には、だ液をしみこませ（①）、もう一方には水をしみこませる（②）。

4 それぞれを、アルミカップに入れて、印をつけておく。

答え19　正解は　ウ

①の「だ液＋でんぷん」のろ紙、②の「水＋でんぷん」のろ紙、それぞれにヨウ素液をつけると、①は、変化がなくヨウ素液の色である茶色のまま、②は、青むらさき色に変化したよ。このことから、①は、だ液がでんぷんを別のものに変化させたことがわかるね。では、もう1つ実験してみよう。

よーくかむことで、ご飯がだ液とまざり、ご飯にふくまれるでんぷんがだ液によって、「麦芽糖」というあま味のある物質に、分解されたんだよ。でんぷんは、麦芽糖に分解されることで、消化されやすくなるんだ。

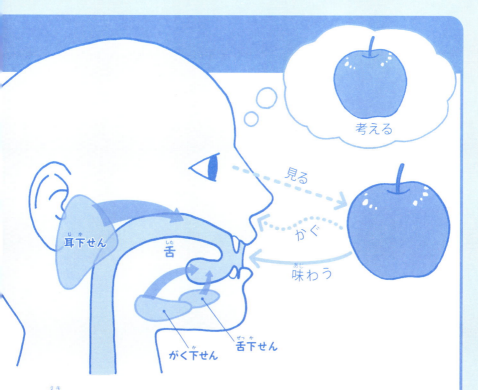

だ液は、おもに「耳下せん」「舌下せん」「がく下せん」という3つの「だ液せん」から出ているよ。だ液が出るのは、食べ物を見たとき、おいしそうなにおいをかいだとき、食べ物の味を感じたときだね。それから、食べ物が目の前になくても、食べ物について考えたときにも、だ液が出るよね。

だ液には、消化を助けるはたらきのほかに、口の中の細菌がふえるのをふせいだり、清潔に保つはたらきもあるんだよ。

どこに、ふれたかな？

ちょっと実験をしてみよう。
友だちに、手の平を上に向けて、うでを出してもらうよ。ひじのちょうど裏側、うでが曲がる位置をいっしょに確認しよう。次に、友だちには目をつむってもらい、「うでが曲がる位置にペンがふれたら、"はい"っていってね。」とお願いしておく。そして、手首の方からひじに向かって、3cmおきくらいに、ペンを軽く当てていくと…

うでの曲がる部分より少し手前で、友だちは「はい」というはずだ。「さわられた」という感覚は神経で感じ取るよ。けれど、1つの神経が受け持つ範囲は、意外と広いんだ。だから、目をつむって、ペンがどこにふれたか見えないようにしていると、正確な位置がわからなくなってしまうんだね。

1つの神経が、受け持つ範囲。

問題 20 　血は、どこでつくられている？

わたしたちの全身を、くまなく流れている血液。この血液は、どこでつくられているのかな？

ア 骨じゃないかな。

イ 肺かもしれないよ。

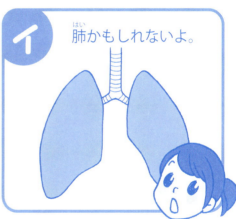

ウ かん臓だと思うよ。

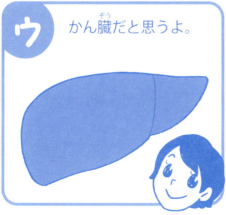

エ 心臓に決まっているよ。

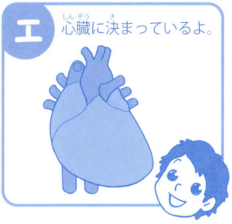

49

答え20 正解は ア

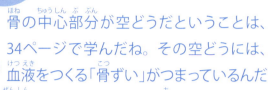

骨の中心部分が空どうだということは、34ページで学んだね。その空どうには、血液をつくる「骨ずい」がつまっているんだよ。子どものころは、全身の骨にある骨ずいが血をつくるはたらきをするけれど、おとなになると血をつくるのは頭や胸、背中、太ももや腰の骨にある骨ずいだけになるんだ。骨ずいでつくられた血液は、骨の中にある血管を通って、体中へ流れていくよ。

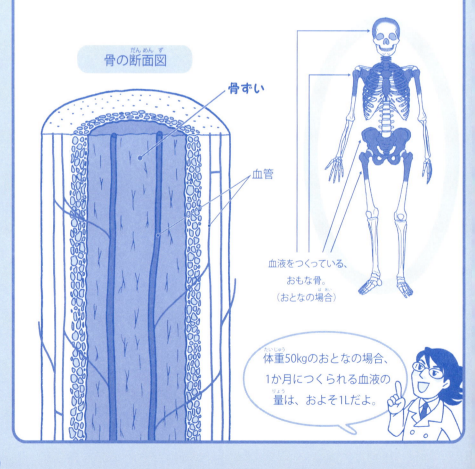

骨の断面図

骨ずい

血管

血液をつくっている、おもな骨。
（おとなの場合）

体重50kgのおとなの場合、1か月につくられる血液の量は、およそ1Lだよ。

問題 21 消化管の長さは、どれくらい？

食べ物が、口から入って、こう門から出るまでの通り道のことを、「消化管」というね。では、消化管の長さは、どれくらいなのかな？

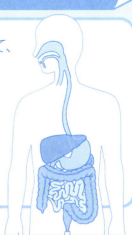

ア 身長と同じくらい。

イ 身長の2倍くらい。

ウ 身長の5倍くらい。

答え 21 正解は ウ

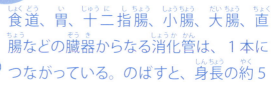

食道、胃、十二指腸、小腸、大腸、直腸などの臓器からなる消化管は、1本につながっている。のばすと、身長の約5倍の長さになるといわれているんだ。身長140cmの小学生だと、おなかの中に約7mの消化管が入っていることになるよ。消化を助ける4つの臓器、「かん臓」「たんのう」「すい臓」「ひ臓」と、消化管をあわせて「消化器」というんだ。

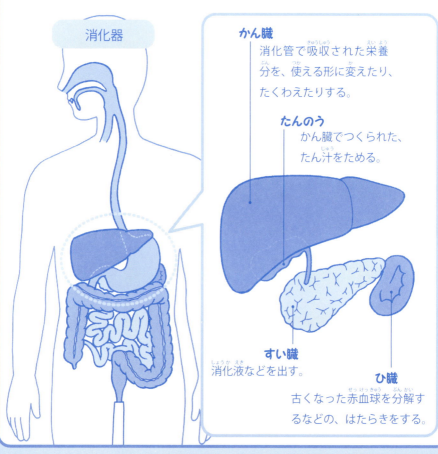

消化器

かん臓
消化管で吸収された栄養分を、使える形に変えたり、たくわえたりする。

たんのう
かん臓でつくられた、たん汁をためる。

すい臓
消化液などを出す。

ひ臓
古くなった赤血球を分解するなどの、はたらきをする。

問題 22 声を出しているときの声門は、どっち？

のどのおく、気管の入り口にある「声帯」は、声を出すための器官だ。
声帯は左右にあり、そのすき間を「声門」という。
声を出しているとき、声門は閉じているかな？ それとも、開いているかな？

声帯は、おとなの男の人だと、ちょうど「のどぼとけ」のところにあるよ。
下の絵は、声門を上から見た図だ。

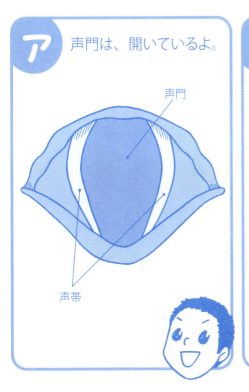

ア　声門は、開いているよ。

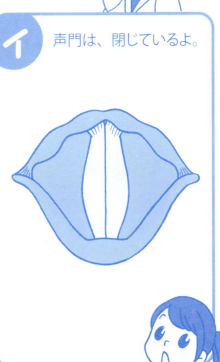

イ　声門は、閉じているよ。

答え 22

正解は イ

声門を閉じて、そのすき間から息を通すと、左右の声帯がふるえて声が出るんだ。息を吸うときは、声門は開いているよ。

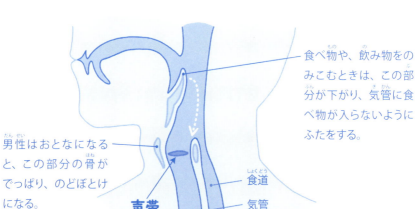

男性はおとなになると、この部分の骨がでっぱり、のどぼとけになる。

食べ物や、飲み物をのみこむときは、この部分が下がり、気管に食べ物が入らないようにふたをする。

声帯 / 食道 / 気管

息をしているとき
声門は、開いている。

声を出しているとき
息は、声門のすき間を通り、声帯をふるわせて、声をつくる。

ひそひそ声で話しているとき
声門の前が閉じ、後ろだけ開く。息の多い、ひそひそ声になる。

裏声を出しているとき
声帯の一部だけ閉じる。ふだんの声とはちがった高い声になる。

問題 23 おしっこをつくる臓器は、どれ？

おしっこの量は、おとなで1日に1〜1.5Lぐらい。体の中の不要なものや、あまった水分を外に出すという大切な役割が、おしっこにはあるよ。
次の㋐〜㋓のうち、おしっこをつくる臓器はどれかな？

㋐ 大腸じゃないかな。

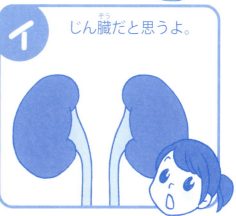

㋑ じん臓だと思うよ。

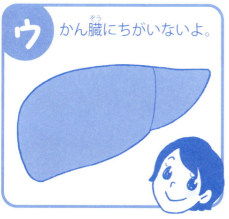

㋒ かん臓にちがいないよ。

㋓ ぼうこうだよ。

55

答え23 正解は イ

おしっこのことは、「尿」ともいうね。体の中でできた不要な物は、血液によってじん臓に送られる。じん臓は、血液から取り出した不要物で、尿をつくっているんだ。じん臓でつくられた尿は、「尿管」という管を通って、ぼうこうに送られる。㊃のぼうこうは、おしっこをためておくための臓器なんだよ。

①
不要物をふくんだ血液が、じん臓に送られる。

②
じん臓の中で、血液から取り出された不要物で、尿がつくられる。

③
不要物が取りのぞかれた血液は、静脈にもどされる。

④
尿は、尿管を通ってぼうこうにためられる。

⑤
ぼうこうに尿がたまると、外に出される。

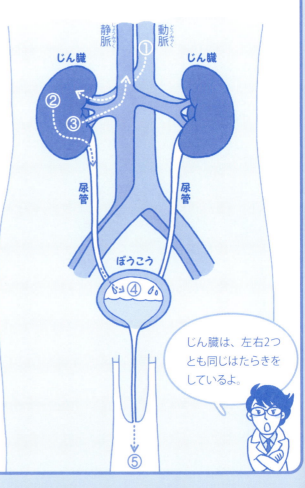

じん臓は、左右2つとも同じはたらきをしているよ。

問題 24 体の中の水分は、どれくらい？

わたしたちは毎日、飲み物や食べ物から、水分をとっているね。体の中の水分の割合は、赤ちゃんのときがもっとも多く、年をとるにつれ、少なくなっていくよ。では、おとなの男性の体内にしめる水分の割合は、どれくらいかな？

ア 体重の約15％

イ 体重の約30％

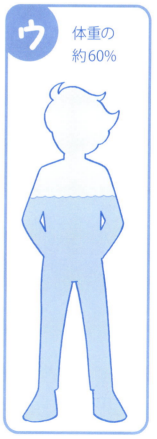

ウ 体重の約60％

答え 24　正解は ウ

生まれたばかりの赤ちゃんは、体重の約75％が水分なんだ。年をとるにつれて体にしめる水分の割合は減っていき、子どもでは体重の約65％、おとなの男性で約60％、おとなの女性だと約55％、お年寄りになると約50％になるといわれているんだよ。

体の中の水分量

赤ちゃん
体重の約75％

子ども
体重の約65％

おとなの男性
体重の約60％

お年寄り
体重の約50％

ヒトの体の中には、血液以外にもいろいろな形で水分が存在するよ。皮ふや内臓、骨など、わたしたちの体はすべて、目に見えないほど小さいふくろのような「細胞」の集まりで、できている。その細胞の中や、細胞どうしのすき間は、水分で満たされているんだ。

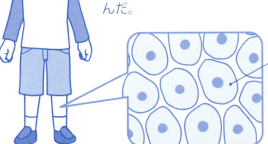
細胞

細胞は、場所やはたらきによって、いろいろな形があるよ。

問題 25 においを感じるのは、どの部分？

食べ物のにおい、花のにおい、教室のにおいなど、わたしたちは毎日いろいろなにおいをかいでいるね。
では、においを感じとるのは次のア～エのうち、どの部分かな？ 1つ選ぼう。

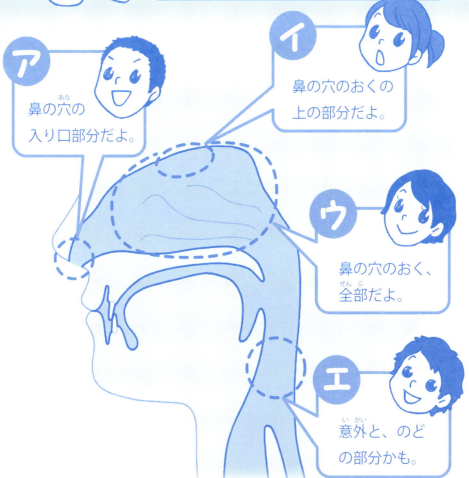

ア 鼻の穴の入り口部分だよ。

イ 鼻の穴のおくの上の部分だよ。

ウ 鼻の穴のおく、全部だよ。

エ 意外と、のどの部分かも。

答え 25 正解は イ

空気中には、においのもとになる、小さなつぶがただよっているよ。この目には見えない小さなにおいのつぶが、空気といっしょに鼻の中に入り、おくの上の方にある「きゅう上皮」という部分につく。すると、その情報が神経を通って、脳の下にある「きゅう球」に送られて、においとして感じられるんだ。

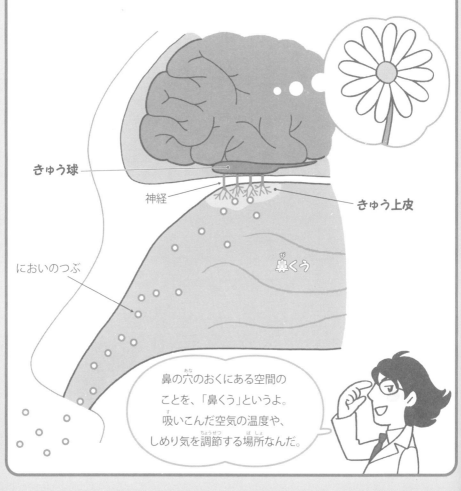

鼻の穴のおくにある空間のことを、「鼻くう」というよ。吸いこんだ空気の温度や、しめり気を調節する場所なんだ。

問題 26 予防接種をするのは、なぜ？

みんなは、予防接種を受けたことがあるかな？ 重い病気にかかりにくくするために、注射をうったりするよね。
予防接種では、いったい何を注射しているのかな？

ア 薬を、注射しているんだよ。

イ 栄養を、注射しているんだよ。

ウ 弱めた病気のもとを、注射しているんだよ。

  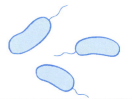

答え 26　正解は ウ

病気のもとになる、細菌やウイルスなどを「病原体」というよ。予防接種では、「ワクチン」とよばれる毒性をなくしたり、弱めた病原体を、体の中に入れるよ。

体の中には、外から入ってきた病原体と戦う「めんえき細胞」がある。めんえき細胞は一度戦った病原体のことをおぼえておいて、次に同じ病原体が入ってきたときに、病原体が広がるのをすばやく防ぐことができるんだよ。予防接種では、病気にならないていどに弱めた病原体を注射などで体の中に入れ、病原体の記おくをつくっておくんだね。

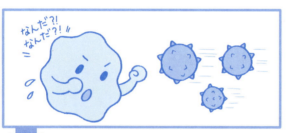

めんえき細胞が、ワクチンとして入ってきた病原体と戦う。

次に病原体が入ってくると、めんえき細胞は、一度戦った記おくをもとに、「こう体」という物質をつくって戦う。

病原体から体を守るしくみを「めんえき」というよ。めんえき細胞は、すべて血液の中にある白血球の仲間なんだ。

問題 27 体の中の「かたつむり」の、はたらきは?

体の中には、かたつむりのからの ような形をした器官があるよ。
大きさは、およそ1cm。
どんなはたらきをするのかな?
次の㋐〜㋓から、1つ選ぼう。

㋐ 物を見るはたらきをするよ。

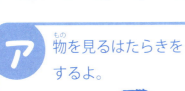

㋑ 音を聞くはたらきをするよ。

㋒ 味を感じるはたらきをするよ。

㋓ においをかぐはたらきをするよ。

答え 27　正解は イ

耳のおくには、外から入った音を感じとる、うずまき型の器官があるよ。「か牛」という名前がついているんだ。か牛とは、かたつむりの別名なんだ。かたつむりのからに、よくにているから、この名前がついたんだね。

音が聞こえるしくみ

音がしているとき、まわりの空気の中には小さくふるえる波ができているよ。これを「音波」というんだ。

耳のおくでは①音波が「こまく」をふるわせ、②それが3つの「耳小骨」に伝わり、③か牛の中で電気信号に変えられ、神経を通って脳に伝わるんだ。

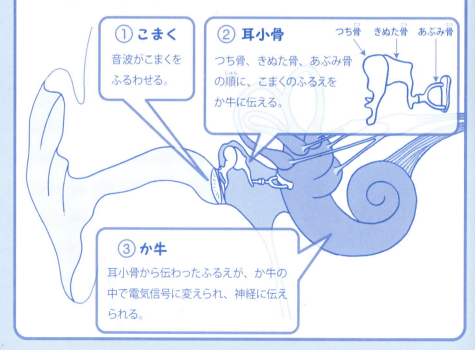

①こまく
音波がこまくをふるわせる。

②耳小骨
つち骨、きぬた骨、あぶみ骨の順に、こまくのふるえをか牛に伝える。

つち骨　きぬた骨　あぶみ骨

③か牛
耳小骨から伝わったふるえが、か牛の中で電気信号に変えられ、神経に伝えられる。

問題 28 血液の流れる順は、どれ？

血液は全身をめぐっているね。
次の㋐〜㋓のうち、血液が流れる順を表しているのは、どれかな？
1つ選ぼう。

㋐ 全身→心臓→肺→心臓→全身

㋑ 全身→肺→心臓→肺→全身

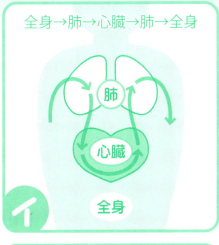

㋒ 全身→心臓→肺→全身

㋓ 全身→肺→心臓→全身

答え 28

正解は ア

血液は全身をめぐったあと、心臓に集まり、次に、心臓から肺へと送られるよ。全身をめぐった血液には、二酸化炭素が多くふくまれているから、肺の中で二酸化炭素と酸素を交換するんだね。肺の中で酸素を受け取った血液は、もう一度心臓にもどる。もどった血液は、心臓から全身へと送り出され、体のすみずみまで酸素をとどけるよ。

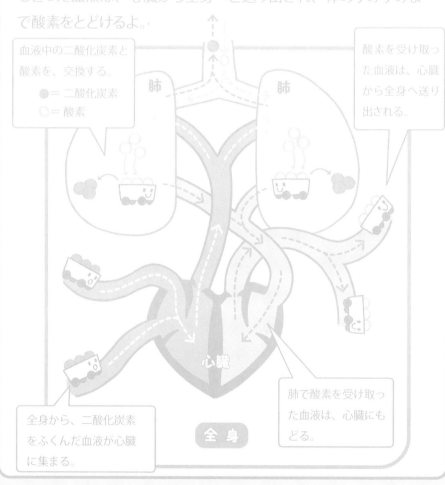

血液中の二酸化炭素と酸素を、交換する。
● ＝ 二酸化炭素
○ ＝ 酸素

酸素を受け取った血液は、心臓から全身へ送り出される。

肺で酸素を受け取った血液は、心臓にもどる。

全身から、二酸化炭素をふくんだ血液が心臓に集まる。

問題 29 寒いとき、皮ふはどうなる？

暑いとき、寒いとき、体温を一定に保つために、皮ふの状態が変化するよ。次の㋐と㋑のうち、寒いときの皮ふの状態を表している図は、どっちかな？

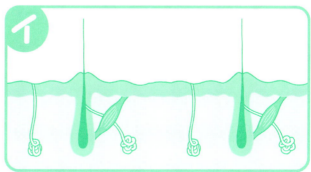

答え 29　正解は イ

寒いとき、皮ふに細かいぶつぶつができることを「鳥はだが立つ」というね。⑦は、寒いときに、鳥はだが立った状態の皮ふだよ。羽をむしられた鳥の皮ふににていることから、こういわれるようになったんだ。

寒い日に、スズメが羽をふくらませているのを見たことがあるかな？鳥や動物は、寒さにたえるため、羽や毛を立てて空気の層をつくり、体温をにがさないようにしているんだ。

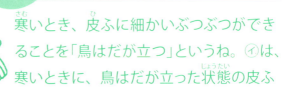

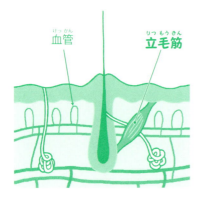

わたしたちの皮ふも、鳥や動物と同じように、寒さを感じると毛の根元にある「立毛筋」が縮んで、毛が立つんだよ。それと同時に、血管も縮んで、熱がにげないようにしているんだ。

暑いときは、汗をかくね。⑦は、汗をかいたときの皮ふを表した図だよ。汗がじょう発するときに、熱をうばって体温を下げるんだ。

汗せん
汗を出すはたらきをする。

問題30 目のつくりは、どれ？

目が大きい人や小さい人、目の色が黒い人や青い人など、さまざまだけど、物を見るしくみは、みんな同じだよ。
次の㋐〜㋓のうち、まぶたのおくの目のつくりを表しているのは、どれかな？

㋐ ラグビーボールみたいな形だよ。

㋑ 三日月みたいな形だと思うな。

㋒ おわんみたいな形じゃないかな。

㋓ ピンポン玉みたいな形だよ。

答え 30　正解は エ

まぶたのおくは、ピンポン玉のようなまるい球体で、「眼球」というよ。眼球には、眼球を動かす筋肉と、目で見た情報を脳に伝える神経がつながっているんだ。

眼球のつくり

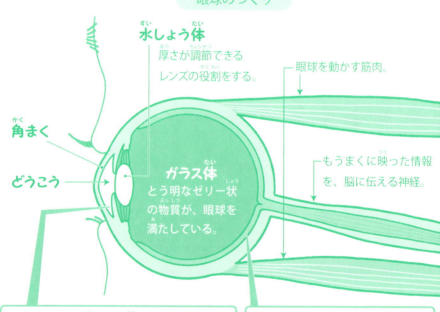

水しょう体
厚さが調節できるレンズの役割をする。

角まく

どうこう

ガラス体
とう明なゼリー状の物質が、眼球を満たしている。

眼球を動かす筋肉。

もうまくに映った情報を、脳に伝える神経。

こうさい　閉じたり開いたりして、目の中に入る光の量を調節する。

【明るい場所】　【暗い場所】

どうこうが小さくなり、入ってくる光の量を少なくする。

どうこうが大きくなり、多くの光を、取り入れようとする。

もうまく　どうこうから入った光が映るまく。

もうまくには、上下さかさに像が映るが、脳で調節される。

問題 31 かみの毛は、1日にどれくらいのびる？

かみの毛は、大切な頭を暑さや寒さ、けがなどから守っているよ。1人平均10万本ぐらい生えているといわれているんだ。では、かみの毛は1日にどれくらいのびるのかな？ ㋐〜㋒のうち、一番近いものを選ぼう。

㋐ およそ 0.4mm

㋑ およそ 1mm

㋒ およそ 1.5mm

71

答え 31　正解は ア

かみの毛は1日に、およそ0.3〜0.5mmのびるといわれているよ。1か月だと1cmちょっと、1年だとおよそ10〜18cmのびることになるね。1本のかみの毛は、皮ふの外に出ている「毛幹」という部分と、皮ふにうまっている「毛根」という部分があるよ。毛根の根元の部分は「毛球」といい、ここで日々新しい毛がつくられているんだ。かみの毛のじゅ命は、人によってちがいもあるけれど、男性で約3〜5年、女性で約4〜6年といわれているよ。

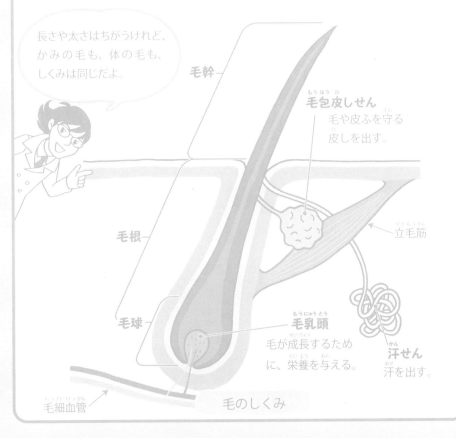

長さや太さはちがうけれど、かみの毛も、体の毛も、しくみは同じだよ。

毛幹

毛包皮しせん
毛や皮ふを守る皮しを出す。

毛根

立毛筋

毛球

毛乳頭
毛が成長するために、栄養を与える。

汗せん
汗を出す。

毛細血管

毛のしくみ

Q32 日やけで、はだの色が黒くなるのは、なぜ？

夏に、外で長い時間遊んでいると、日やけをして、はだの色が黒っぽくなるね。どうして、強い日光に長くあたっていると、はだの色が黒くなるのかな？

ア トーストみたいに、皮ふがこげて、色がつくんだよ。

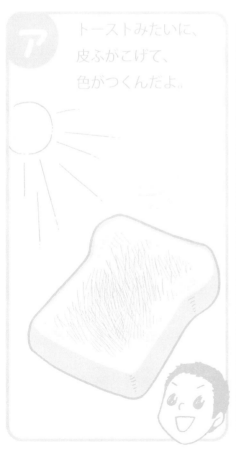

イ カーテンみたいに、体の中に日光が入るのを防いでいるんだよ。

答え32 正解は イ

太陽の光の中には、何種類かの光がふくまれているよ。その中の1つである「し外線」という光が皮ふに当たると、日焼けするんだ。皮ふは外側から、「表皮」「真皮」「皮下組織」の3層からできている。し外線をあびすぎると、真皮が傷ついてしまうんだ。そのため、真皮の上にある表皮では、「メラノサイト」という細胞で「メラニン」という色のつぶをつくり、体の中にし外線が入りすぎるのを防ぐんだよ。メラニンは、カーテンのような役割をしているんだね。

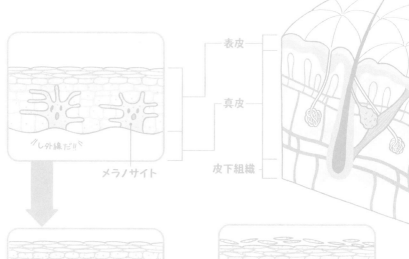

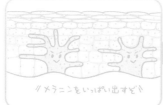

し外線をあびると、メラノサイトでメラニンがつくられる。

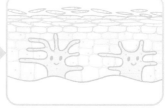

メラニンをふくんだ細胞は、やがてはがれて、はだの色は元にもどる。

問題33 食べた物が、便になるまでにかかる時間は？

口から入った食べ物は、食道、胃、小腸などの消化管を通るうちに消化・吸収され、最後は便となって出されるね。
では、朝ご飯で食べた物が、便となって出るのはいつごろかな？

ア　その日のお昼だよ。

イ　その日の夜じゃないかな。

ウ　次の日の夕方だと思うよ。

エ　7日後だよ、きっと。

答え 33

正解は ウ

食べた物が消化され、栄養として吸収されて便として出るまでの時間は、もっとも早くて、およそ30時間。朝食べた物は、次の日の夕方から夜ぐらいに、便として出されるんだね。ただし、消化されにくい食べ物の場合は、2～3日間くらいかかることもあるよ。

消化にかかる時間

食道
【約5～6秒間】
胃に食べ物を送る。

胃
【約2～6時間】
食べた物を一時的にためておく。胃液が出て、食べ物がくさるのを防ぎ、食べ物の一部を消化する。

小腸
【約4～14時間】
食べ物をさらに細かく消化し、吸収する。

十二指腸
たんのうや、すい臓から出た消化液と、食べ物がまぜられる。

大腸
【約24～48時間】
食べ物のかすから、水分を吸収し、便をつくる。

便がたまると、約30～68時間後、こう門から、はいせつされる。

問題 34 乳歯(にゅうし)がぬけるとき、永久歯(えいきゅうし)はどうなっている？

「乳歯」とよばれる子どもの歯(は)は、6歳(さい)ごろからぬけ始(はじ)めて、かわりに、おとなの歯である「永久歯」が生(は)えてくるよ。では、乳歯がぬけるとき、永久歯はどうなっているかな？

ア 永久歯は成長(せいちょう)していて、出番を待っているよ。

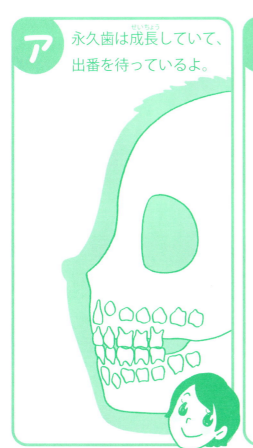

イ 乳歯がぬけてから、永久歯が成長するよ。

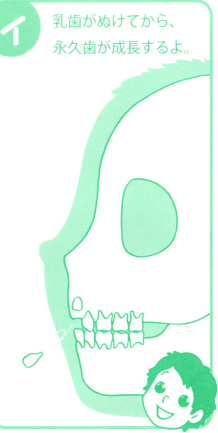

77

答え34　正解は ア

歯は、生まれて約6か月ごろから生え始め、2歳半から3歳になるころには、20本の乳歯がすべて生えそろうよ。6歳ごろから、永久歯に生えかわり、20歳くらいまでに、おくの歯が生えてきて最高で32本が生えそろうんだ。ただし、人によってはおくの歯がすべては生えずに、32本より少ないままのこともあるよ。

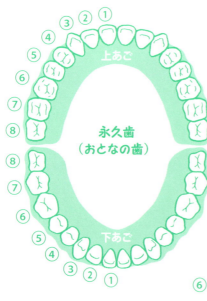

①中切歯
②側切歯
③犬歯
④⑤小きゅう歯
⑥⑦⑧大きゅう歯

❶乳中切歯
❷乳側切歯
❸乳犬歯
❺❹乳きゅう歯

切歯①②
食べ物を、かみ切る。

犬歯③
とがった先で、肉などを引きちぎる。

小きゅう歯④⑤
ハンマーのように、食べ物をくだく。

大きゅう歯⑥⑦⑧
こすり合わせるようにして、食べ物をすりつぶす。

問題 35 脳のしわを広げたら、どのくらいの広さ？

手や足を動かしたり、味やにおいや音を分析したり、楽しさや悲しさを感じたり…。脳はとても多くのはたらきをしているね。脳の表面には、たくさんのしわがあるよ。もし、このしわを広げたとしたら、どのくらいの広さになるかな？

ア ハンカチ1枚分くらいの広さ

イ 新聞1ページ分くらいの広さ

ウ たたみ1じょう分くらいの広さ

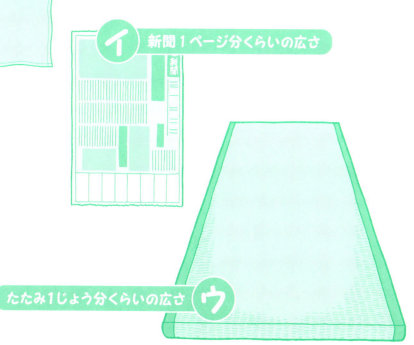

79

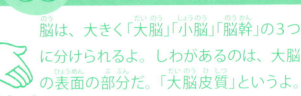

答え 35 正解は イ

脳は、大きく「大脳」「小脳」「脳幹」の3つに分けられるよ。しわがあるのは、大脳の表面の部分だ。「大脳皮質」というよ。大脳皮質は、感情や記おくや考えを生み出し、人間らしさをつくるのに、とても重要な部分なんだ。ネズミなどの動物の脳にも大脳皮質はあるけれど、しわはなかったり、あってもとても少ないよ。いっぱいしわがあるということは、それだけ広い面積があり、脳が発達していると考えられるんだね。

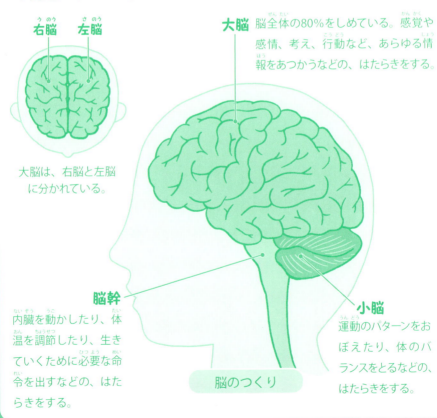

右脳　左脳
大脳は、右脳と左脳に分かれている。

大脳　脳全体の80％をしめている。感覚や感情、考え、行動など、あらゆる情報をあつかうなどの、はたらきをする。

脳幹　内臓を動かしたり、体温を調節したり、生きていくために必要な命令を出すなどの、はたらきをする。

小脳　運動のパターンをおぼえたり、体のバランスをとるなどの、はたらきをする。

脳のつくり

問題 36 血液が全身をめぐるのに、かかる時間はどのくらい？

血液は、心臓から送り出されて全身をめぐり、ふたたび心臓にもどってくるね。血液が全身をめぐるのに、かかる時間は、どのくらいかな？

ア 約1分くらいかな。

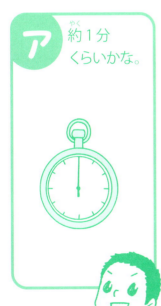

イ 約1時間はかかるんじゃないかな。

ウ 約1日だと思うよ。

答え 36　正解は ア

おとなの場合、1回の心臓のはく動で送り出される血液の量は、約70〜80mL。心臓は1分間におよそ70回はく動するから、心臓は1分間におよそ5〜6Lの血液を全身へ送り出していることになるね。おとなの血液の量は、およそ5Lだから、血液は1分間で全身をめぐって心臓にもどってくる計算になるんだ。運動などで、はく動が速くなると、血液はもっと速く全身をめぐるよ。

📎メモ　脈はくを計ってみよう。

はく動は血管を伝わり、皮ふの上からふれて感じることができるよ。これを「脈はく」というんだ。心臓のはく動は、とても速く血管に伝わるので、はく動と脈はくは、ほとんど同時に感じるよ。1分間に何回、脈はくがあるかな？

人さし指、中指、薬指の先で、手首の親指側をさわってみよう。ピクピクと動くのが脈はくだよ。

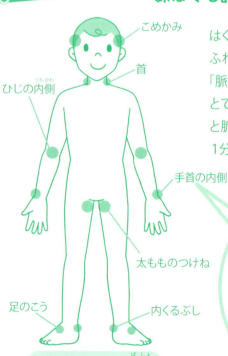

脈はくを計れる場所
（こめかみ・首・ひじの内側・手首の内側・太もものつけね・足のこう・内くるぶし）

問題 37 体のかたむきを感じるのは、どこ？

体がかたむいたり、回転したりしているのを感じるのは、どの部分かな？
次の㋐〜㋓の中から、1つ選ぼう。

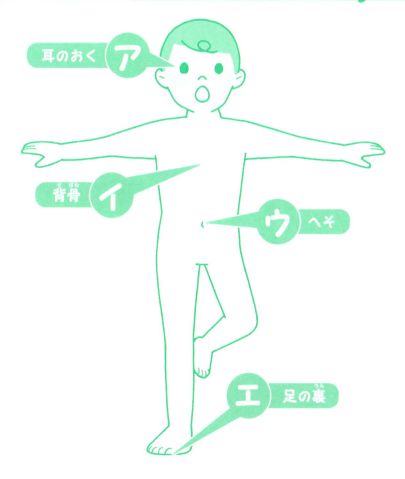

- ㋐ 耳のおく
- ㋑ 背骨
- ㋒ へそ
- ㋓ 足の裏

答え 37　正解は ア

体のかたむきを感じるのは「前庭」、回転を感じるのは「三半規管」といって、どちらも耳のおくにあるよ。

三半規管
- 横の回転を感じとる。
- 体を中心とした回転を感じとる。
- 前後の回転を感じとる。

リンパ液

クプラ

三半規管の中は、「リンパ液」という、とう明な液体で満たされていて、それぞれに、毛のたばのような「クプラ」がある。

体が回転すると、リンパ液とクプラがゆれて、回転を感じとる。体の動きが止まっても、リンパ液とクプラは急には止まらないので、まだ回っている感じが残って、フラフラするんだね。

前庭
前庭の中には、「小毛」と「耳石」があり、体がかたむくと、小毛が耳石の重みで引っぱられ、かたむきを感じとる。

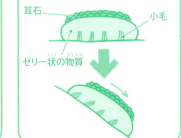

耳石　小毛
ゼリー状の物質

84

おならが出るのは、なぜ？

わたしたちは口から物を食べるとき、食べ物といっしょに空気ものみこんでいるんだ。この空気が胃からもどると、げっぷになる。げっぷとして出されなかった空気は、小腸へ送られ、大腸を通り、おならとしてこう門から出るんだよ。
大腸の中には、たくさんの細菌がすんでいて、食べ物の分解を助けてくれている。そのときに、ガスが発生するんだ。おならがくさいのは、このガスが混ざっているからなんだね。

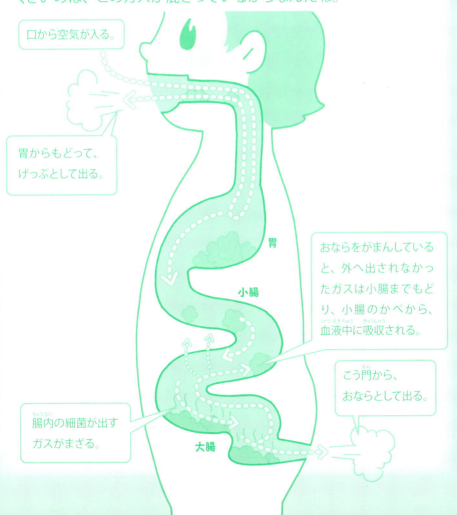

口から空気が入る。

胃からもどって、げっぷとして出る。

胃

小腸

おならをがまんしていると、外へ出されなかったガスは小腸までもどり、小腸のかべから、血液中に吸収される。

腸内の細菌が出すガスがまざる。

大腸

こう門から、おならとして出る。

問題 38 どこの骨かな？

骨は、場所や役割によって、いろいろな形や大きさがあるよ。
では、次の㋐〜㋔は、体のどの部分の骨かな？
①〜⑤の順に、ならべてみよう。

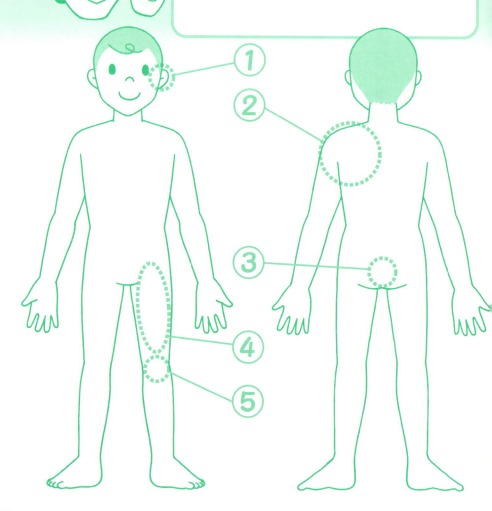

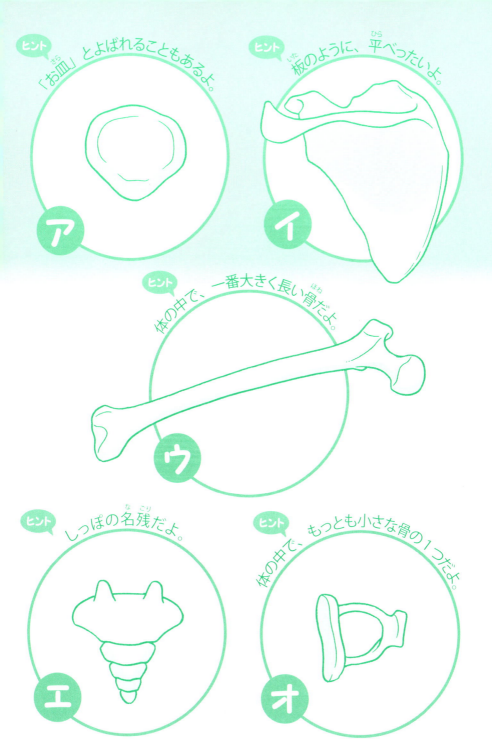

おもな骨の名前

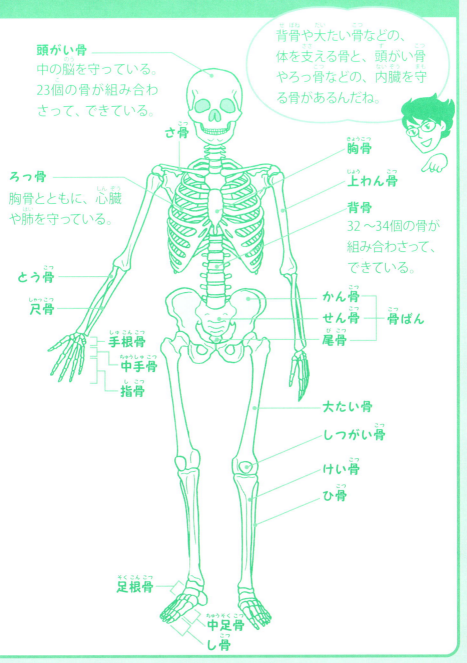

問題 39 おなかの赤ちゃんが育つ順は？

わたしたちは、お母さんのおなかの中で育ってから、生まれてくる「ほ乳類」の仲間だね。

では、お母さんのおなかの中で、赤ちゃんは、どんなふうに成長するのだろう。次の㋐〜㋔を、おなかの赤ちゃんが育つ順にならべよう。

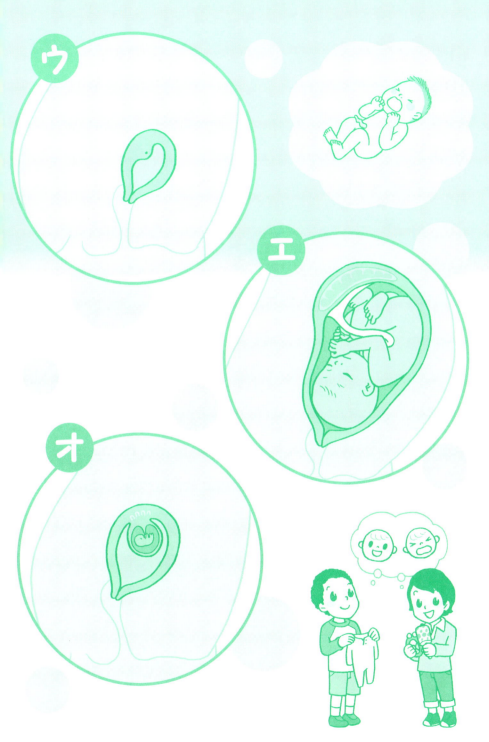

答え39 正解は ア ウ オ イ エ

「卵子」の大きさは、直径約0.1〜0.2mm。お母さんのおなかの中でつくられた卵子は、お父さんの「精子」と出会い、結びつくと成長し始めるんだ。⑦のように、卵子と精子が結びつくことを「受精」といい、受精した卵子を「受精卵」というよ。受精卵は、お母さんのおなかの中で形を変えながら、約38週間でおよそ40〜50cmの赤ちゃんに成長し、生まれてくるんだ。

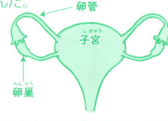

ア
受精
卵子はお母さんのおなかの中にある「卵巣」でつくられ、「卵管」へと送られる。卵管で受精すると、「子宮」へ送られ、子宮の中で成長を始める。

ウ
受精後およそ4週目
約4mm。心臓が動き始める。まだ、はっきりとした手足は見られない。

おなかの中の赤ちゃんは、「へそのお」を通じてお母さんから栄養をもらって育つよ。

おなかの中にいるときの赤ちゃんは、「たい児」とよばれるんだ。

オ

受精後およそ8週目
約3〜4cm。手や足の形が、はっきりわかるようになる。内臓もほぼできあがる。目や耳ができてくる。

　たい児は、子宮内を満たす「羊水」の中に浮いているんだ。へそのおは、「たいばん」につながっているよ。たいばんは、お母さんの血液から栄養などをたい児に送る準備をする場所だ。

イ

受精後およそ20週目
身長約25〜30cm。体の器官が発達して、手足を動かすようになる。

　このころになると、たい児は、指しゃぶりをしたり、まばたきをしたり…。耳も聞こえるようになっていて、お母さんの声を聞くと、心ぱく数が変化するよ。

エ

受精後およそ38週目
身長40〜50cm。かみの毛や、つめが生える。体に丸みが出てくる。

　生まれてくるのは、もうすぐだよ。

誕生！

赤ちゃんは、生まれるとすぐ、肺で呼吸を始め、口から栄養をとるようになるよ。

さくいん

あ

赤ちゃん------- 57,58,90,92
足------------- 79
味------------- 23,24,79
汗------------- 68,72
あぶみ骨------- 64,88
胃------- 41,42,43,52,75,76
息------- 9,26,54
ウイルス------- 62
右心室------- 18
右心ぼう------- 18
うで------- 5,6,47
裏声------- 54
永久歯------- 77,78
エネルギー------- 28
横かくまく------- 10,28
おしっこ------- 55,56
おなら------- 85
音波------- 64

か

外まく------- 14
海綿質------- 34
か牛------- 64
がく下せん------- 47
角質------- 22
角まく------- 70
かつ液------- 38
かみの毛------- 21,71,72
ガラス体------- 70
関節------- 8,30,38,39
関節なん骨------- 38
関節包------- 38
眼球------- 70
かん骨------- 88
汗せん------- 68,72
かん臓------- 27,28,43,52
気管------- 0,26,53,54
気管支------- 26
きぬた骨------- 64,88
球関節------- 39
きゅう上皮------- 60

きゅう球------- 60
吸収------- 14
胸骨------- 89
筋肉------- 56,18,36,42,70
口------- 9,10,23,24,42,
　　45,46,47,51,85
クプラ------- 84
くら関節------- 39
毛------- 22,68,72
けい骨------- 89
血液------- 10,15,16,17,19,20,27,
　　28,31,50.56.62,65,66,81,82
血管------- 15,16,50,82
血しょう------- 31,32
血小板------- 31,32
げっぷ------- 85
肩甲骨------- 88
犬歯------- 78
こうさい------- 70
こう体------- 62
こう門------- 42,43,51,76,85
声------- 53,54
呼吸------- 10,11,12
こまく------- 64
骨ずい------- 50
骨ばん------- 89
骨まく------- 34

さ

細菌------- 62
細胞------- 58,74
さ骨------- 89
左心室------- 18
左心ぼう------- 18
三半規管------- 84
し外線------- 74
耳下せん------- 47
子宮------- 92
指骨------- 89
し骨------- 89
耳小骨------- 64,88
耳石------- 84

舌------- 24
しつがい骨------- 88,89
尺骨------- 89
車じく関節------- 39
十二指腸------- 40,42,43,52,76
手根骨------- 89
受精------- 92
受精卵------- 92
消化------- 14,40,42,43,
　　46,47,75,76
消化液------- 28
消化管------- 42,51,52
消化器------- 52
消化こう素------- 43
小きゅう歯------- 78
小腸------- 14,41,42.43,52,85
小脳------- 80
静脈------- 15,16,18,56
小毛------- 84
じょう毛------- 14
上わん骨------- 89
食道------- 41,42,52,54,75,76
しわ------- 8,79,80
神経------- 35,36,48,49,64,70
心臓------- 15,16,17,66,81,82,92
じん臓------- 56
心ぱく------- 93
真皮------- 74
水しょう体------- 70
すい臓------- 43,52,76
頭がい骨------- 89
精子------- 92
声帯------- 53,54
声門------- 53,54
せきずい------- 36
せきずい反射------- 36
舌下せん------- 47
赤血球------- 31,32,52
切歯------- 78
舌乳頭------- 24
背中------- 8

背骨 ------------ 8,36,88,89	
せん骨 --------------- 89	
前庭 ----------------- 84	
ぜん動運動 ----------- 42	
臓器 -------------- 13,27,36	
そう根 --------------- 22	
そう体 --------------- 22	
そう半月 ------------- 22	
そう板 --------------- 22	
足根骨 --------------- 89	

た

体温 --------------- 67,68	
大きゅう歯 ----------- 78	
たい児 --------------- 93	
体重 ------------- 19,20,57,58	
大たい骨 ------------ 88,89	
大腸 ----- 40,42,43,52,76,85	
大脳 ----------------- 80	
大脳皮質 ------------- 80	
だ液 ------------- 42,44,46,47	
だ液せん ------------- 47	
だ円関節 ------------- 39	
たん汁 ------------- 28,52	
たんのう ------- 28,43,52,76	
血 ------------------- 49	
ち密質 --------------- 34	
注射 ----------------- 61	
中手骨 --------------- 89	
中すう神経 ----------- 36	
中足骨 --------------- 89	
中まく --------------- 16	
ちょうつがい関節 ------- 39	
直腸 ---------- 41,42,43,52	
つち骨 ------------- 64,88	
つめ ----------------- 22	
手 --------------- 7,8,48,79	
でんぷん ------- 44,45,46	
どうこう ------------- 70	
とう骨 --------------- 89	
動脈 ----------- 15,16,18,56	
毒 ------------------- 28	

鳥はだ --------------- 68	

な

内まく --------------- 16	
なん骨 --------------- 10	
におい ------------- 59,60,79	
乳歯 ------------- 77,78	
尿 ------------------- 56	
尿管 ----------------- 56	
脳 ------- 35,36,64,70,79,80	
脳幹 ----------------- 80	
のど --------------- 24,59	
のどぼとけ ---------- 53,54	

は

歯 --------------- 42,77,78	
肺 ------- 10,12,25,26,66	
肺ほう --------------- 26	
麦芽糖 --------------- 46	
はく動 ------------- 18,82	
はだ --------------- 73,74	
白血球 ------------- 31,32,62	
鼻 --------------- 9,10,59	
皮下組織 ------------- 74	
鼻くう --------------- 60	
ひ骨 ----------------- 89	
尾骨 ------------- 88,89	
ひざ --------------- 37,38	
ひじ --------------- 37,38,48	
びじゅう毛 ----------- 14	
ひ臓 ----------------- 52	
皮ふ ----- 21,22,67,68,72,74	
日焼け --------------- 73,74	
病原体 --------------- 62	
表皮 ----------------- 74	
へそのお ------------- 92,93	
弁 ------------------- 18	
便 --------------- 42,43,75,76	
ぼうこう ------------- 56	
ほ乳類 --------------- 90	
骨 ------- 7,8,10,29,30,33,34,	
37,38,49,50,86,88,89	

ま

まつ毛 --------------- 21	
末しょう神経 --------- 36	
まぶた --------------- 69	
まゆ毛 --------------- 1	
耳 ----------------- 64,84	
脈はく --------------- 82	
味らい --------------- 24	
目 ----------------- 69,70	
メラニン ------------- 74	
メラノサイト --------- 74	
めんえき細胞 --------- 62	
毛幹 ----------------- 72	
毛球 ----------------- 72	
毛根 ----------------- 72	
毛細血管 ------------- 16	
毛包皮しせん --------- 72	
毛乳頭 --------------- 72	
もうまく ------------- 70	

や

指 ------------------- 8	
羊水 ----------------- 73	
ヨウ素液 ------- 44,45,46	
養分 ----------------- 28	
予防接種 ------------- 61	

ら

卵管 ----------------- 92	
卵子 ----------------- 92	
卵巣 ----------------- 92	
立毛筋 ------------- 68,72	
リンパ液 ------------- 84	
ろっ骨 --------------- 89	

わ

ワクチン ------------- 62	

多田歩実

イラストレーター。本書では文章・デザインも担当。
主な仕事に『ビジュアルガイド明治・大正・昭和のくらし③』(汐文社)
『シゲマツ先生の学問のすすめ』(岩崎書店)、『日本地図めいろランキング』(ほるぷ出版)
『占い大研究』(PHP研究所)、『にほんのあそびの教科書』(土屋書店)など。

参考文献一覧

『わくわく理科 4』『わくわく理科 5』『わくわく理科 6』大隅良典 / 石浦章一・鎌田正裕ほか・著(啓林館)

『小学館の図鑑 NEO 13 人間』松浦譲兒 / 唐澤真弓 / 池谷裕二 / 渡辺博 / 遠藤秀紀 / 牛木辰男・著(小学館)

『人体のふしぎな話 365』坂井建雄・監修(ナツメ社)

『学習図鑑からだのかがく 骨格』細谷亮太・監修 リチャード・ウォーカー・著(ほるぷ出版)

『学習図鑑からだのかがく 心臓』細谷亮太・監修 リチャード・ウォーカー・著(ほるぷ出版)

『学習図鑑からだのかがく 呼吸』細谷亮太・監修 リチャード・ウォーカー・著(ほるぷ出版)

『学習図鑑からだのかがく 運動』細谷亮太・監修 リチャード・ウォーカー・著(ほるぷ出版)

『目で見る脳の働き 感じる心・考える力』ロバート・ウィンストン・著 町田敦夫・訳(さえら書房)

『ふしぎ! かんたん! 科学マジック 6 からだのマジック』田中玄伯・監修(学研)

『ニューワイド学研の図鑑 人のからだ』阿部和厚・監修(学研)

『あくびやオナラはなぜでるの? 呼吸や消化のはなし』相沢省三 / つだかつみ・著(偕成社)

『生き物のなぜ?』井口泰泉・監修 ナムーラミチヨ・絵(偕成社)

『赤ちゃんが生まれる いのちの冒険旅行』ニルス・タヴェルニエ・著 中島さおり・訳(ブロンズ新社)

『赤ちゃんのはなし』マリー・ホーツ・エッツ・作 坪井郁美・訳(福音館)

『実験はかせの理科の目・科学の芽 13 動物と人のたんじょう』大竹三郎・著(国土社)

『いたずらはかせのかがくの本 5 にている親子・にてない親子』

『いたずらはかせのかがくの本 9 せぼねのある動物たち』板倉聖宣・著(国土社)

『NHK 子ども科学電話相談スペシャル どうして? なるほど! 生きもののなぞ 99』
NHK ラジオセンター『子ども科学電話相談』制作班・編集(NHK 出版)

このほか、多数 Web サイトを参考にさせていただきました。

なぜなにはかせの理科クイズ⑥

人体と生命のなぞ

2015年3月30日 初版第1刷発行
著者／多田歩実
発行／株式会社 国土社
〒161-8510 東京都新宿区上落合 1-16-7
Tel 03-5348-3710 Fax 03-5348-3765
http://www.kokudosha.co.jp
印刷／モリモト印刷
製本／難波製本
NDC469／95P／22cm
ISBN978-4-337-21706-5

| NDC469 国土社 |
| 2015 95P 22×16 cm |

Printed in Japan ©A. TADA 2015
落丁本・乱丁本はいつでもおとりかえいたします。